U0380737

画说苹果

画说苹果

【日】小池洋男 ● 编文　　【日】川上和生 ● 绘画

很久很久以前，人们就认识苹果了。
你听说过这些故事吗？
在伊甸园中亚当和夏娃吃了"智慧的果实"，
牛顿看见苹果从树上掉下来发现了万有引力。
在以前，"apple"是水果的意思。
一说到水果，想到的就是苹果！
也就是说，现在苹果已经是我们生活中必不可少的东西啦。

中国农业出版社

1 老约翰的苹果种子

在很久以前，日本基本上每家都会种一棵柿子树。而在美国，房子的周围却种着苹果树。苹果的故乡是高加索山脉一带，早在公元前，人们就发现了这种水果。大家都爱吃苹果，但是大家知道苹果是如何从遥远的欧洲传到美国，再由美国漂流到亚洲的吗？下面就给大家讲述关于苹果的故事。最早的苹果品种叫做"乔纳森"，在日本叫做"红玉"。

移民将苹果带到美国

这种水果自古以来就备受青睐。6~7世纪时，欧洲人开始对苹果进行品种改良。17世纪时，很多欧洲人移民美洲大陆，带来了苹果的树苗和种子。欧洲的水中矿物质含量超标，很多都不适合饮用。于是，人们就将苹果汁酿造发酵成甘甜可口的苹果酒，然后以酒代水。打算移民美国的人们，担心美国也没有足够的水，于是就带了很多苹果到美国。

老约翰的传说

1774年，在美国东北部的马萨诸塞州波士顿附近，出生了一个叫做乔纳森·查普曼的人，人们都习惯叫他老约翰。他在从苹果酒工场倒出来的垃圾中收集苹果籽。拿着这些苹果籽，他和西部开荒的人们一起，四处奔波。每当遇到农民或者移民时，约翰就会送给他们一些苹果籽，让他们在适合苹果生长的土地上播种，并且仔细地指导他们种植。就这样，老约翰穿着粗布衣裳，留着花白胡子，背着苹果种子，光着脚在美国各地奔波了50年。

红玉，别名乔纳森

老约翰种下的苹果在美国东北各地扎下了根，结出了不同颜色和味道的果实。这些苹果树都成了以后开发新品种的亲本，所以非常珍贵。19世纪之后，在英国和美国出现了很多的苹果新品种，苹果之所以可以遍布世界，都和老约翰当年的努力密不可分，因此老约翰也被称为"苹果之父"。红玉品种，在世界各地都可以看到，鲜食非常可口，做成苹果派更是味美无比。红玉就是美国的老苹果品种，为了纪念乔纳森·查普曼，红玉的英文名字就叫做"乔纳森"。

传到日本

日本平安时期至镰仓时期（794年—1333年），有一种叫做"和果"或"沙果"的苹果自中国传入日本，直到江户时期（1603年—1867年），仍有种植，但这种苹果和现在大家吃的苹果并不是一个品种。现在大家吃的苹果源自西方，于明治时期（1868年—1912年）传入日本。最开始的时候，为了和"沙果"区别开，人们把西方传过来的苹果叫做"西洋苹果"或"大苹果"。现在日本的东北地区、北海道、长野等地,均大量种有"红玉""国光"，从这些品种又培育出了备受欢迎的"富士"苹果。

3

2 以酒代水，拉丁用葡萄，英国用苹果

苹果从美国走向了世界。那么，在这之前，苹果又是什么样的呢？事实上，人们在 4000 多年前就发现了苹果。苹果的故乡在里海和黑海之间的高加索山脉一带。据说，公元前 300 年左右的希腊时代，跟随亚历山大大帝远征的哲学家将苹果带回希腊。在罗马时代，人们将苹果作为甜点食用。

哲学家
带回来的苹果

马其顿王国的亚历山大大帝是一位了不起的人，他统领的帝国横跨欧洲和亚洲。大帝远征波斯（现在的伊朗）时，有一位叫做泰奥弗拉斯的哲学家跟随大军前往。在经过苹果的故乡高加索山脉时，这位哲学家发现了好几种野生的苹果，就带回来了。他把果实大的作为种植用，把果实小的仍作为野生种。现在人们将果实大的叫做苹果，果实小的品种叫做沙果。公元前 300 年左右，泰奥弗拉斯还深入研究了利用嫁接增加苹果品种的办法及其栽培方法。

罗马 的甜点

泰奥弗拉斯带回来的苹果大受欢迎，被广泛种植。在罗马时代，苹果和葡萄一样，被当作甜点食用。苹果树喜凉，所以很快就传到了欧洲的北部，而且北部对苹果的种植与改良远比中部发展得快。罗马时代，人们大致种植出了 30 种不同品种的苹果。

数字代表世纪

以酒代水

在水质不好的地方，大多用水果来代替饮用水。比如在非洲，人们就使用糖分较少的西瓜汁代替饮用水。在盛产葡萄的南欧，人们就用葡萄制成葡萄酒，作为饮用水和药物保存起来。所以，西班牙、法国、意大利等拉丁民族喜欢葡萄，而气候较冷无法种植葡萄的北欧，就种植苹果，将苹果加工成苹果酒，代替饮用水。所以英国等地的盎格鲁－撒克逊人十分喜欢苹果，经常将又涩又酸的沙果发酵，将其糖分转化成酒精和二氧化碳，慢慢发酵成苹果酒，再进一步发酵的话就变成苹果醋了。

3 冬季耐寒的苹果树

苹果属于蔷薇科苹果属的植物。目前世界上有 30 余种苹果属植物，大家经常吃的苹果只是其中的一个品种。苹果树春天发芽，冬天落叶，所以苹果树被称为落叶果树。可以抵御北方国家寒冷气候的苹果树芽，为了御寒，浑身上下长满了短毛。苹果树的芽有会开花的花芽，还有会长叶的叶芽。长在树枝最顶端的芽叫做顶芽，顶芽大多为花芽。

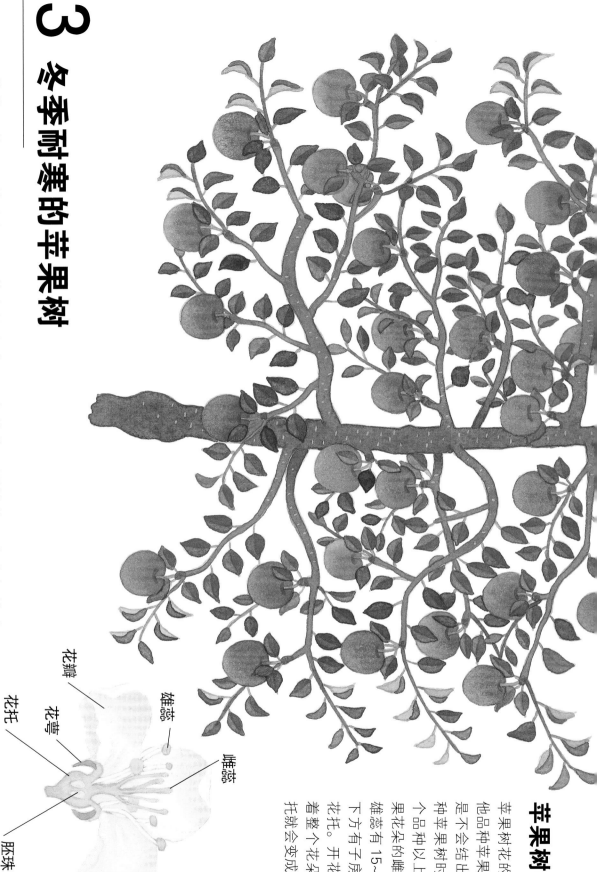

花瓣

花萼

花托
（发育成果肉）

雄蕊

雌蕊

胚珠
（发育成种子）

苹果树花

苹果树花的雌蕊不接触其他品种苹果树的花粉的话，是不会结出果实的。所以种苹果树时，一定要种两个品种以上的苹果树。苹果花朵的雌蕊有 5 根外叉，雄蕊有 15~20 根。雌蕊的下方有子房，子房周围是雄蕊。开花时，花托支撑着整个花朵；结果时，花托就会变成苹果的果肉。

花芽

到了春天，花芽最先发芽。花芽中间包裹着花蕾，周围长出8~10片叶子。其中，5~7个花蕾被绽放，这几片叶子才会掉落。这就是苹果花芽的特征，用这几片叶子抵御冬天的寒冷，保护花蕾。

花

最中间的花开得最早，因此也被称为中心花，会结出较大的果实。花蕾未绽放时，花瓣大多为粉红色，等花绽放时，花瓣颜色慢慢变淡，接近白色。

4 每天吃苹果，疾病不找我

在欧洲有一句谚语叫做"每天吃苹果，疾病不找我"。所以每天装便当的时候，一定不要忘记带上一个拳头大小的苹果。连皮啃着吃还有助于预防蛀牙。苹果很甜，所以有人认为多吃苹果会摄取过多的糖分，导致变胖。其实不是这样的，和蛋糕相比，苹果的热量只是蛋糕的 1/10 左右。导致肥胖的原因是血液中的中性脂肪，每天吃苹果可以减少这种中性脂肪。

备受青睐的水果

苹果自明治时期传入日本以来，就成为备受青睐的水果。因此，日本培育出很多个头又大、色泽又好的苹果品种。日本的大苹果大到一次吃不完，一般都是削了皮，分成 4 瓣再吃。而在欧美，人们往往都是直接吃一个整的小苹果。日本人每年每人大约食用 5 千克苹果，欧美地区为 20~25 千克。

吃果皮有助于健康

吃苹果时，连皮一起吃对健康更有好处。因为苹果皮中含有丰富的食物纤维、钾、有机酸、维生素 C 等。果胶等食物纤维可以增加肠胃活动，抑制大肠癌细胞生长。苹果果胶还可以搭配酸奶食用。因为果胶加热也不会变质，所以可以制作烤苹果或者苹果派等。将苹果碾碎，喂给婴儿，也会有很好的效果。苹果含有丰富的钾，可以降血压，预防心脏病以及脑栓塞。最新的研究表明，吃苹果可以降低血液中的中性脂肪，增加维生素 C，同时减少肺癌的发病率。

对**戒烟**也很有效果!

在意大利，人们认为苹果对戒烟很有效果。每天一边吃苹果一边抽烟的话，慢慢地就会觉得烟味特别难闻，就会主动戒烟。有人认为这是苹果中含有的某种成分与香烟中的尼古丁发生了反应。你身边有想戒烟的人的话，可以告诉他这个小秘密哦。

5 苹果大家族——2000 多个品种

世界范围内，大概有 2000 余种苹果。而在日本，明治时代至今已经培育出 700 多个苹果品种。但是，实际上广泛种植的只有 10 种。日本培育出的"富士"苹果，是世界上最有名的苹果。苹果可以生吃，可以做成果汁，可以做成果酱。除此之外，还有果实小、但是花特别美丽的沙果，可以作为庭院树木，也可以养在花盆里用来观赏。苹果酒的原料就是这种又涩又酸，重 50~100 克的小果实沙果。

富士（国光 × 元帅）
日本种植最多的晚熟品种，风味香甜，果汁较多，口感极佳，可长期储存。
甜度指数：★★★★★

红玉（美国原产）
微酸浓香的中熟品种。可生吃，或做成苹果派以及苹果酱。
甜度指数：★★★★

津轻（金冠母本的自然杂交品种）
栽培面积较多，仅次于富士的早熟品种。汁多且甜。
甜度指数：★★★

王林（金冠 × 印度品种）
栽培面积较多，仅次于富士的晚熟品种。果汁多且甜。
甜度指数：★★★

乔纳金（金冠 × 红玉）
多种于寒冷气候地区的中熟品种。
甜度指数：★★★

珊夏（嘎啦 × 红运）
果肉较硬，口感极佳。早熟品种。
甜度指数：★★★

红星（美国原产）
果汁较多，香甜可口。由于糖醇较多果皮较薄，果实容易变软，最近栽培面积较少。

信浓甜（富士 × 津轻）
果汁多，风味浓甜，口感极佳的中熟品种。
甜度指数：★★★

信浓黄（金冠 × 千秋）
果皮黄色，多汁微酸，口感极佳的中熟品种。
甜度指数：★★★

野生苹果
野生苹果果实小，味道多为酸涩。在日本有三叶海棠等。可作为庭院树木，也可以养在花盆里用来观赏，还可以做成苹果酒（汽水）等。

舞美苹果（圆柱形品种）
侧枝极短的芽变品种，树木呈圆柱形。盛开红花，可用来观赏，作授粉品种。果实很小。

青林（富士的芽变品种）
树枝长不长，容易种植。果实像富士一样甜美，汁多口感极佳。可长期储存。
甜度指数：★★★★★

世界一号苹果（元帅 × 金冠）
最大的苹果（图中小的是沙果）。一般每个重 500 克。
甜度指数：★★★

阿尔卑斯少女（红玉母本的自然杂交品种）
沙果。红色小果实的中熟品种。果汁多，口感极佳。一般每个重50~70 克。
甜度指数：★★★★

在苹果上画画（参见第 29 页）

6 栽培嫁接在"矮化砧木"上的树苗（栽培日志）

在砧木上嫁接富士树苗的枝条，就可以培育出富士的树苗，结出富士苹果。根据砧木的性质不同，可以培育出大小不同的树苗。相比之下，在"矮化砧木"上嫁接的树苗，培育出的树苗比较矮小，但可以更早地开花结果。

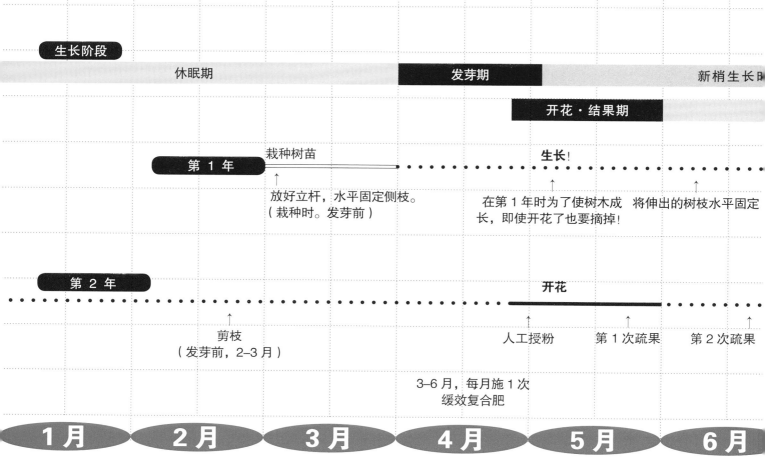

生长阶段			
休眠期		发芽期	新梢生长期

开花·结果期

第 1 年　栽种树苗　　　　　　生长！

↑放好立杆，水平固定侧枝。（栽种时。发芽前）

↑在第 1 年时为了使树木成长，即使开花了也要摘掉！　将伸出的树枝水平固定

第 2 年　　　　　　开花

↑剪枝（发芽前，2–3 月）

↑人工授粉　　↑第 1 次疏果　　↑第 2 次疏果

3–6 月，每月施 1 次缓效复合肥

1月　2月　3月　4月　5月　6月

播下富士苹果的种子吧！

将吃过的富士苹果的籽儿种下。一个富士苹果有 6~10 粒种子。但是马上种下去大都不会发芽，倒不如把它们清洗干净后晾干，装入纸袋等放入冰箱中保存。等到春天再拿出来种，这样的话就能发芽啦。从种子开始栽培苹果树的话，需要 7~10 年才能结出果实。而且，即使种下"富士"苹果的种子，将来也不会长出"富士"苹果。至于最终结出的果实是大是小，是红是黄，是酸是甜，就不得而知了。那么新的品种是怎么培育出来的呢？培育新品种时，要用很多品种进行杂交（用不同于雌蕊品种的花粉授粉，使之结出果实），再用结出的种子培育树苗，再根据是否能结出又大又甜的果实在树苗中进行筛选。

从种子开始培育果实的过程，是很困难的哦。

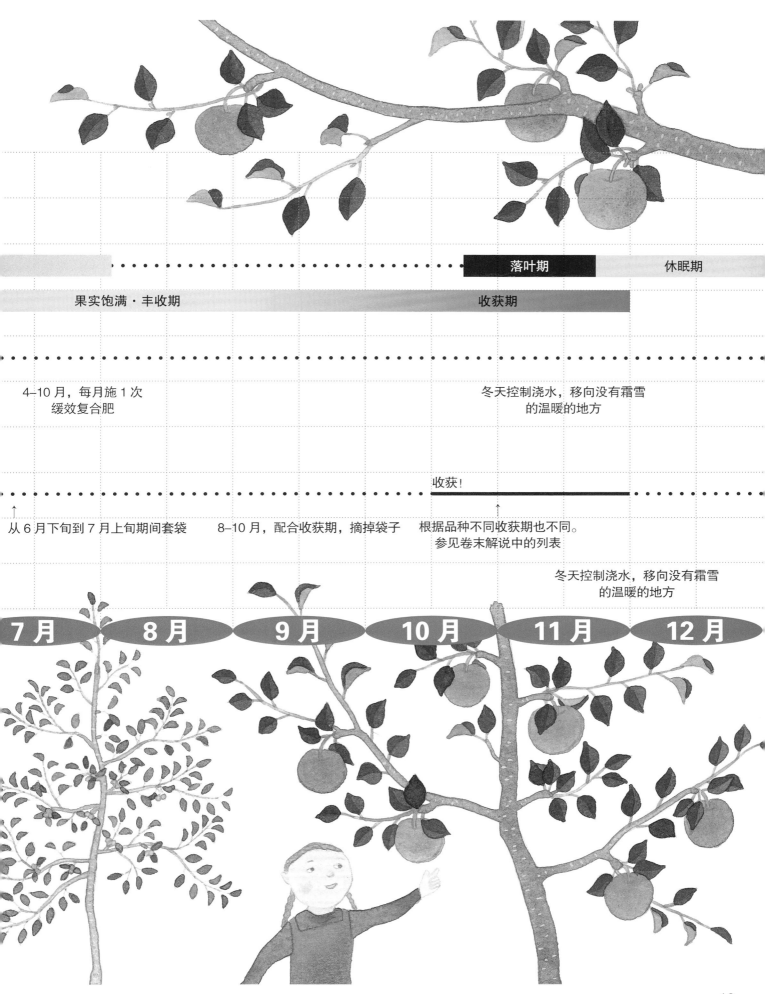

| | | | 落叶期 | 休眠期 |

果实饱满·丰收期 收获期

4–10 月，每月施 1 次
缓效复合肥

冬天控制浇水，移向没有霜雪
的温暖的地方

收获！

从 6 月下旬到 7 月上旬期间套袋　　8–10 月，配合收获期，摘掉袋子　　根据品种不同收获期也不同。
参见卷末解说中的列表

冬天控制浇水，移向没有霜雪
的温暖的地方

| **7 月** | **8 月** | **9 月** | **10 月** | **11 月** | **12 月** |

7 把树苗种在大盆里，小心不要让雨淋到！

苹果树容易生病，很难种植。但是，把 2 岁的树苗移到大盆里，并注意防雨的话，树苗就不会生病。栽培品种不宜过大，所以把选用 M9 和 JM5 "矮化砧木"（参见第 33 页）嫁接而成的树苗买来栽培。相同品种的苹果树之间，即便授粉，也结不出硕大的果实，所以要准备 2 种不同品种的树苗。

如果嫁接 2~3 岁的多枝树苗，第二年就能结出苹果啦！

选择**树苗**的方法

树苗品种众多，有早熟品种"珊夏"，黄色果实的中熟品种"信浓黄"，重量只有 50 克的中熟品种"阿尔卑斯少女"，"富士"的芽变品种、多枝晚熟品种"青林"等。但是，把青林和阿尔卑斯少女嫁接到一起的话就不会授粉，必须要用五月柱等品种的树苗才可以。买 2~3 岁的树苗，嫁接在"矮化砧木"上，要买 10 棵才可以哦。

备土

准备一个比 10 号略大些的小盆，在盆底垫上网布，在上面放入排水性能好的 2 厘米厚度的浮石等，再放入盆土。可以用市场上卖的园艺用土，也可以用腐叶土和田间土壤（或者小粒的红粒土）各一半混合而成的土。

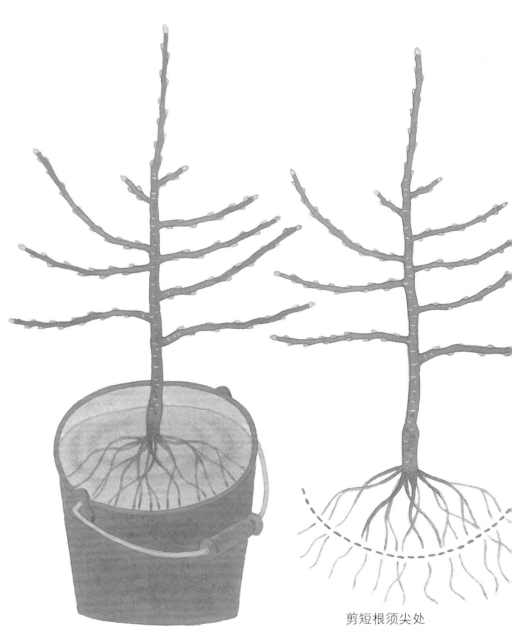

要防止树苗根部失去水分

剪短根须尖处

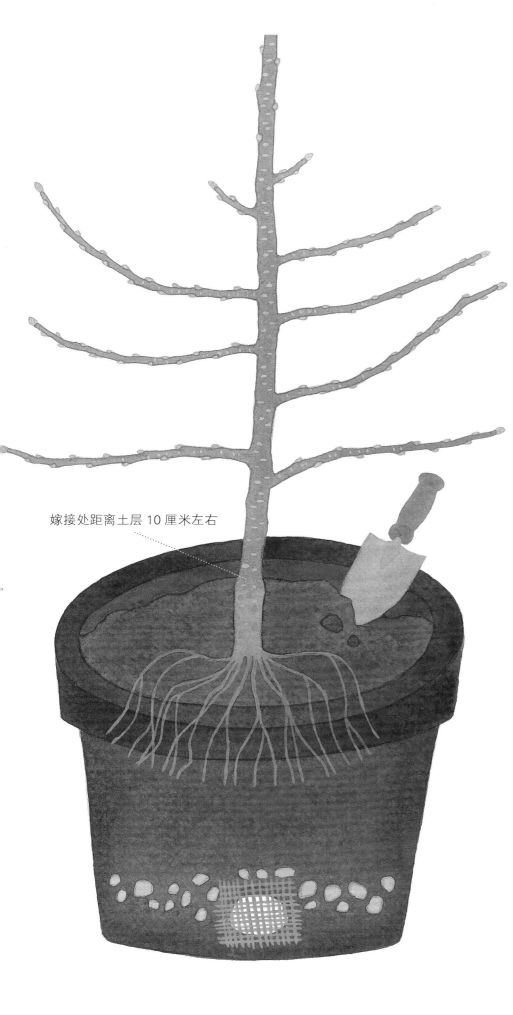

嫁接处距离土层 10 厘米左右

移植

最好在树苗发芽前(3–4 月)种植。苹果树的树苗根须很长，为了适应盆的大小，要进行适当的修剪。即使剪掉根须部分也不用担心，因为细小的根须很快就会长出来。买回来的树苗最好要保持根部有充足的水分。在移植之前，将树苗根部放入水桶，用水浸泡 30 分钟，让它吸收到足够的水后再进行种植。

肥料

树苗周围施上 IB 复合肥料（长期有效)，4–10 月每月一次，一次 3~5 克。也可以撒上一小撮油渣（ 50 克左右)。

小心不要让雨淋到

要保证充足的水量，水能够从盆底流出为好。盆内易干，所以每天都要浇水。要种好苹果树，必须保证有充足的阳光。而且，苹果树淋雨会生病，最好放在又能避雨又有充足阳光的地方。

15

8 把果树修剪成主干疏层形

苹果树的栽植有很多方法，有一种类似圣诞树的主干形果树很适合盆栽。这种果树由主干、侧枝组成，主干和侧枝上又有短枝和细枝，能够结果。主干疏层形的果树，简单好打理，又很容易生长出花芽，所以很适合盆栽。虽说主干可以长出果实，但相比之下更多果实还是从侧枝上生长出来的。要保留侧枝的枝头，并尽量将它沿水平方向固定，以便更容易长出花芽。

种植后第 1 年

种下果树之后，在发芽前，要将它的主干的枝头剪去。这样做的话，在剪断处就会长出 2~3 根新枝。剪得越长，将来长出的树枝会越粗壮。而且，在 5~10 根横枝中，如果有和树干一样粗的树枝，要从枝根处将它剪掉。对于在枝头处略向上翘的长树枝，要用支杆和绳子尽量地将它向水平方向固定。种好后，要注意施肥、浇水等，一定保护好长出的新芽。等到冬天树叶掉了之后，要控制浇水，把果树移到没有霜的温暖的地方。冬天浇水的话，最好一个月浇 2 次。

第 2 年的春天

在树木发芽之前就要开始剪枝。所谓的剪枝，就是把那些从横侧枝中长出来的枝杈剪掉。而且，前一年剪掉的主干树梢处会长出 3 根枝条，留下那根最直的，其他的全部剪掉。这样一来留下的枝条就会更早发芽。即使是在夏天，如果从横侧枝上长出的枝条较多时，也要修剪。在第 3 年的 4 月末，在侧枝和主干的短枝上将会开出很多很多的花，也会结出好多好多的果实。

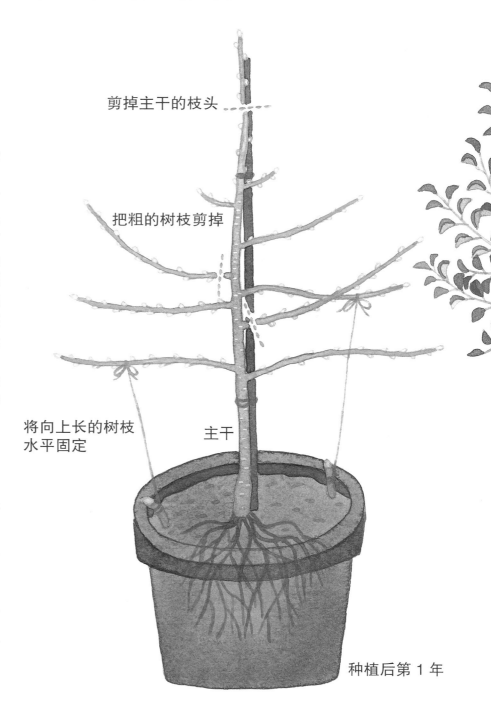

剪掉主干的枝头

把粗的树枝剪掉

将向上长的树枝水平固定

主干

种植后第 1 年

极其挺直的侧枝 —

从侧枝中长出的挺直的树枝

第 1 年的夏天

第 2 年的早春
剪掉从侧枝中长出来的枝
权，以及极其挺直的侧枝

9 苹果会结在哪根枝条上？（结果习性）

所谓结果习性，就是果树在树枝上结出果实的规律性。比如，柿子、葡萄、橘子都有很明显的结果习性，那么苹果树的结果习性是怎么样的呢？苹果树的枝条分为短果枝、中果枝、长果枝（50 厘米以上）三种，每根果枝上都会有一个较好的花芽，长在枝条顶端。在这些枝条中，结果最多的是短果枝。下面，请大家好好观察哪根果枝结果最好。通常，在第 2 年要对果树进行好好修剪，这样第 3 年就会大丰收啦！

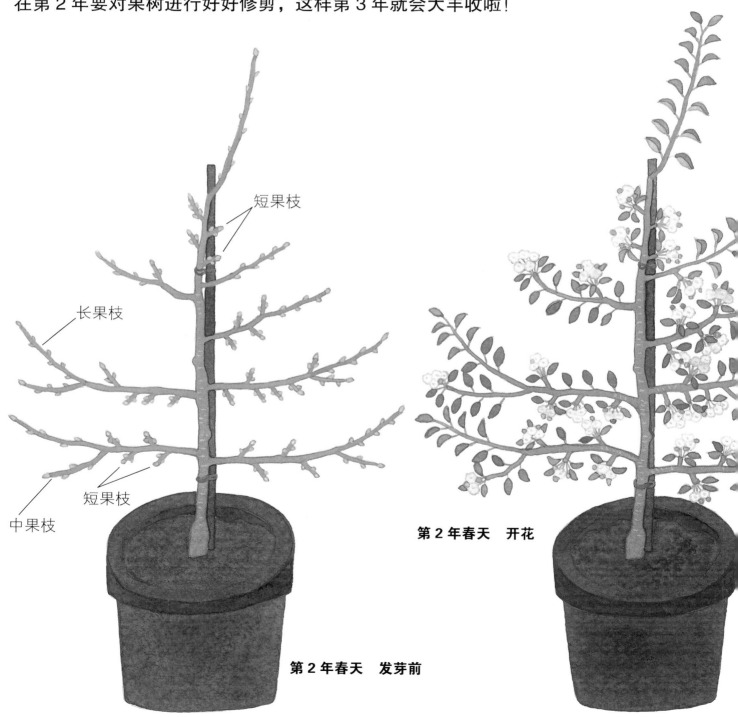

短果枝

长果枝

短果枝

中果枝

第 2 年春天　发芽前

第 2 年春天　开花

结果习性

了解了结果习性之后，就会知道在修剪枝条时应该留下哪根、剪掉哪根了，更会知道枝条的哪个地方会长出花芽、哪个地方会结出果实。下面，大家就仔细观察春天和秋天的果树枝，一起了解一下苹果树的结果习性吧。

第 2 年秋天　开始结果

这幅画描绘的就是果枝上的果实分布图。但是在实际的栽培中，因为需要疏果（在第 21 页讲解），所以不会收获很多果实。第 2 年的时候，大概能收获 8~10 个，最多也就 15 个果实。

10 舍得疏果，套袋会结出漂亮的苹果

苹果树的花，一般由蜜蜂来授粉，在没有蜜蜂的情况下，就需要人工授粉。如果授粉不良的话，很有可能会影响收成，所以一定要想好是选择人工授粉还是选择蜜蜂授粉。当有很多果实一起长出来时，就要将多余的果实剪掉，这个过程就叫做疏果。好不容易开出花，又结出好多果实，却要将它们剪掉，这真是太可惜了，相信很多人会这么想。但事实上，如果不剪去多余的果实，最终收获的果实会很小，而且也不甜，并且，来年果树还不会开花。所以疏果是为了保果。大家疏果的时候一定要记住，每40~50片叶子保留1个果实。

人工授粉

用鸟的羽毛做成授粉工具，蘸上黄色的花粉后点在苹果花上，这就是人工授粉。记住一定要使用不同品种果树的花粉来授粉哦。如果花开得旺盛，引来很多蜜蜂的话，不用人工授粉也可以。

授粉小能手

——果园壁蜂

在苹果园里饲养果园壁蜂，让它们进行授粉，这样的做法越来越普遍。果园壁蜂的窝一般都建在捆在一起的长30厘米左右的芦苇捆中或者细竹捆中，所以想养果园壁蜂的话，就先要准备好芦苇捆，放在北风吹不到的地方，在蜂窝的周围多放几个新的芦苇捆。如果离山较近的话，可以把芦苇捆放到屋檐下，这样也会有很多蜜蜂来这里安家的。

短果枝 —— 短果枝的顶芽

腋芽

顶芽

中果枝的芽

中心果

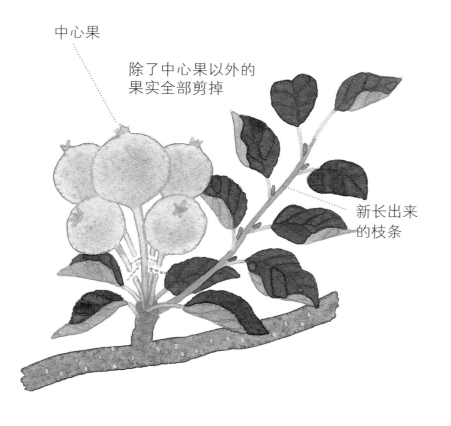

除了中心果以外的
果实全部剪掉

新长出来
的枝条

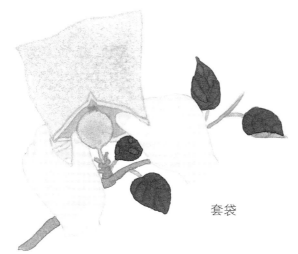

套袋

第 1 次疏果

疏果就是把多余的果实剪掉。5 月中旬，当果实开始长大的时候（中心果直径达到 1 厘米之前）就要开始第一次疏果。疏果时，把中心果留下，剩下的全部剪掉。另外，前一年长出来的大概 5 厘米左右的短果枝，枝条顶部的顶芽很早就会开出较大的花，将来也会结出较大的果实。而 10~30 厘米长的中果枝，不光会长出顶芽，枝条上还会长出很多腋芽。这种腋芽也会开花，但是开花相比顶芽较晚，结出的果实也较小，所以也要剪掉。

第 2 次疏果

6 月末，果实全部长得和乒乓球一般大小。这个时候就要开始数果实和树叶。每 40~50 片树叶保留 1 个果实。这样，以叶子数为准，多余的果实就要剪掉。保留的果实，要大致均匀地分布在整棵树上。

套袋

确定好留下来的果实之后，就要开始套袋。大概在苹果长到略大于乒乓球的大小，并且进行完疏果之后，就要开始套袋，在日本长野县是 6 月下旬到 7 月初。给果实套上袋子，一方面可以有效防止害虫，另一方面，也可以让苹果的色泽更加鲜艳。袋子在市场上可以买到，一般是两层，外面是旧报纸，里面是石蜡纸。

11 该收获啦！收获的果实要装进塑胶袋，放到冰箱里！

秋天，是收获的季节。在日本中部地区，珊夏的采摘期在 8 月下旬，阿尔卑斯少女、信浓黄的采摘期在 10 月上中旬，青林、富士的采摘期在 11 月中旬以后。想知道青林苹果的含蜜糖情况吗？摘下一个切开看一看就知道了。另外，那些畸形苹果也要切开看看，观察一下种子的状态。

不要忘了**浇水**

套袋之后，要经常观察果树，如果发生疾病和虫害，一定要及时处理。施肥期在 3-6 月，每月一次。每天都要浇水，尤其是夏天，果树的叶子会蒸发掉大量的水分，所以，千万不要忘记每天给果树浇水。

拆掉纸袋

在珊夏采摘前 1 个星期，信浓黄采摘前 2 个星期，青林采摘前 1 个月的时候，要拆掉纸袋。先从外部将纸袋撕开，过 3-4 天后，将石蜡纸全部取下。这样的话，果实照到阳光就会变红哦。

何时采摘

可以先选择一个颜色较好的苹果，摘下来尝尝。品种不同，成熟期以及采摘期也不同（各品种的采摘期，见卷末说明）。咬下一口，如果感觉果肉很粗，而且感觉口中有粉末的话，说明还没有完全熟透。这种粉末其实是残留的淀粉，采摘合适的话，苹果中的淀粉会变成糖，苹果也会甜美多汁。

如何采摘

要用手握住果实，轻轻左右转动，摘下来即可，这样就会留下漂亮的果柄。

采摘后的储存

采摘后如果放置不管的话，苹果的水分就会跑掉！所以要用塑胶袋装好放在冰箱的果蔬室里。含有足够糖醇的苹果，长时间放置，糖醇会变成褐色，所以要尽早吃掉。

糖醇是优质的象征

像富士这种在 10 月中旬以后采摘的苹果，摘下来后切开，会看到类似蜂蜜颜色的部分，这就是苹果的糖醇。苹果的糖醇和很甜的糖类不同，是苹果中自然生产出的一种糖类物质。虽然苹果的糖醇并不是很甜，但是有糖醇的苹果才会香甜可口，味美多汁。生长于寒冷地区的苹果，比如富士、红玉、阿尔卑斯少女，在这些苹果上都可以看到糖醇。

12 苹果园里的一年

把苹果树种在盆里，虽然可以较早地长出果实，但是盆的空间有限，会限制根部的生长，最终也不会长出太多的果实。把苹果树种在大田里，虽然可以结出更多的果实，但是被雨淋到之后又会生病，也会有虫害问题。如果不用农药进行防护的话，很难种植。

种植

苹果树适宜种在阳光充足，排水性好，湿润适中的地方。要在芽将要长出来的时候种下树苗。如果是在盆中种植的话，在树苗长出少许叶子时种下也不晚，但每天要浇大量的水。如果选择秋天种植的话，时间要定在树叶全部凋落，而且还不太冷的时候。选好地点之后，挖一个浅坑，直接将果树苗从盆里移出来就行。如果树苗根部在盆中相互缠绕堆积时，就把外侧规整一下，或者去掉1厘米左右。

施肥和浇水

种植之后马上就施肥，肥料选用IB复合肥，每株10克。种植后，为了保持根部水分，可以在根部铺上一层稻草。另外为防止果树倒下，可以加一根支柱。种植后，长时间没下雨的话，要每天浇水。到了夏天，一周浇一次水。秋天的时候，如果连续两周没下雨的话，也要浇一次水。冬天可以不浇水，但是到了3月份还不下雨的话也要浇水。

防治虫害

早春　修剪　　　春天　人工授粉
　　　　　　　　疏花

初夏　疏果

夏季　套袋

初秋
剪叶　转果（为了让苹果树接受更多的光）

秋季　采摘

上面图画的内容是苹果种植户全年的劳作内容。大家亲手种到土地里的树苗，在接下来的一年里，也需要大家进行同样的劳作哦。

13 套袋手捉防虫害，防止雨淋不生病

日本雨水较多，果树很容易生病。如果想种植出美味的苹果，又不想喷洒农药的话，就只能使用"大棚"！"大棚"由组装式管架构成，在管架顶部铺塑料膜，可以遮雨。在其四周围上4毫米网眼的网布，就可以防止虫害。在"大棚"里面培养出来的苹果，安全无毒害，可以放心食用。

防止**螨虫**

虽然覆盖了防虫网，但是仍然会有螨类小虫子可以进入。螨类小虫子一般是从树下杂草爬到了苹果树上的，所以要留意容易生长杂草的地方。另外在干燥地区也容易滋生螨虫，所以如果发现螨虫的话，每天要在树叶背面多喷水。

白粉病

即使苹果树不被雨淋到，在树梢处有时也会得白粉病。一旦发现白粉病，要尽早将树梢处剪掉。

病害及虫害

腐烂病
枝干受害。病部呈红褐色，刮去表皮有酒糟味。可用泥土抹于病斑上进行治疗。

斑点落叶病
树叶和果实受害。经常出现在雨水多发地区，叶片染病初期出现褐色圆点，严重时树叶生长停滞，枯焦脱落。果实染病时，在果面上产生斑点。

炭疽病
果实腐烂。在夏季高温、多雨的地区发病尤为严重。病菌通过侵染使苹果染病。

黑星病
多在低温多雨地区发生，树叶和果实受害。发病时树叶上呈现绿色圆点，圆点是如同黑褐色一般的黑绿色。病果上呈黑褐色圆点，生育畸形。

白粉病
危害树枝、叶片、嫩梢、果实等。染病的树枝及嫩梢表面被覆白色粉状物。将染病的树枝及嫩梢剪掉。

桃小食心虫
成虫在6月左右产卵，幼虫蛀入果后开始侵蚀果实。除农药之外的防治方法有使用信息素或套袋保护等。

卷叶蛾科
种类众多，取食叶肉。成虫取食嫩叶及苹果的果皮。防治方法有使用信息素等。

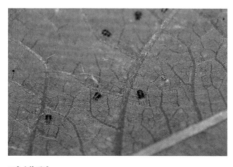

叶螨科
有苹果红蜘蛛、二斑叶螨等。红蜘蛛是刺吸式口器的害虫，吸食叶片的汁液。严重时会导致受害叶片呈黄褐色而脱落。

蚜虫科
多数寄生于嫩芽上。严重时苹果树的枝叶枯萎。果实会被白色棉花般的物质所覆盖。

14 乙烯试验，见证苹果的神奇力量！

苹果有一种神奇的力量！在苹果成熟时会产生一种乙烯气体。它是一种植物激素，对植物的生长及结果等会产生很大的影响。因此，利用苹果产生的乙烯气体，可以做很多种试验哦。在试验中，我们会选用那些能够产生大量气体的苹果品种，例如津轻、乔纳金、王林、阳光等。而富士苹果因其产生的乙烯气体量少，所以很少使用。

将涩柿子、较硬的猕猴桃和苹果放在一起会怎么样呢？

试验方法：让我们来研究一下苹果的乙烯气体能发挥什么作用吧！准备不同的塑料袋，将涩柿子、猕猴桃分别与苹果一起装入其中的两个，再各自分别装入剩下的袋子中，然后放进明亮的房间中观察 1 周左右，要避免阳光直射。和苹果放在一起的水果，与没放在一起的水果会有什么区别呢？（结果见卷末说明）

发芽会有什么不同呢？

试验方法：在一定数量的培养皿上放入浸水的脱脂棉，然后分别种下红小豆、大豆、绿豆、黄瓜、玉米、水稻等种子，每种 30 粒左右。每类种子分别种在 2 个培养皿里，其中一个和苹果一起装入塑料袋中，另一个自己单独放入另一个塑料袋中，把它们都放在温暖黑暗的地方，令其生长发芽。那么它们发出的芽会有什么不同呢？（结果见卷末说明）

在苹果上画画

试验方法：①在苹果还没长大的时候，用钉子在上面刻画，等到苹果成熟时，刻过的部分就变成褐色的图画。②用不透光的胶带剪出图案，或者是用黑纸剪出图案贴在透明胶带上，然后把它们贴在刚摘袋的苹果上，等苹果成熟后撕下，贴图案的地方就不会变成红色啦。

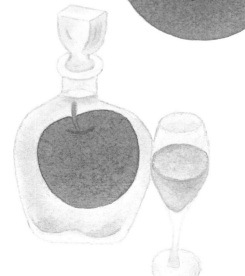

培育瓶装苹果

试验方法：在如图所示的细口透明瓶（白兰地酒瓶等）中，插入梢头结果的中果枝或长果枝，用脱脂棉塞住瓶口。秋天成熟后，再倒入白酒等，瓶装苹果就制作成功了！

15 让你久等了。果酱、果汁、苹果派！

苹果最好吃的吃法当然是带皮生吃了。但如果摘了很多的话，我们可以做成果酱、苹果派、苹果咖喱等。而且苹果酱可以长期保存，自家做的更新鲜美味哦。少放糖的话，也可以做成低糖果酱。

苹果汁

材料：把不同口味的苹果，依个人喜好混在一起。例如：富士苹果甜中略带酸，红玉苹果味道很酸，阿尔卑斯少女苹果很甜，信浓黄苹果很酸。

制作方法：有自动榨汁机的话，操作起来就很简单。如果没有，就自己把果肉磨碎，然后用白布过滤。

苹果酱

材料：2 个苹果、1/4 个柠檬、白糖。

制作方法：①将苹果剥皮去核，切成小块。②在锅中放入苹果丁和水（苹果的一半比例），再放入厚片柠檬，用中火慢煮。③等到苹果变软，拿出柠檬，也可按个人口味过滤，用研磨杵捣碎之后，再放入白糖（苹果重量的60%）继续煮，直至熬干就做好啦！注意要使用煮沸消毒过的玻璃瓶进行保存哦。

苹果派

材料：

面糊……150 克全麦粉，100 克高筋粉，180 克无盐黄油，90 毫升凉水，一小匙盐，蛋黄

馅……2~3 个苹果，70 克白糖，20 克无盐黄油，少许红葡萄酒，肉桂粉

准备馅

将苹果去皮，切成薄的半月形放入锅中，加入 20 克黄油、70 克白糖、少许红葡萄酒、肉桂粉，煮至苹果变软、汤汁黏稠即可。

苹果派面皮

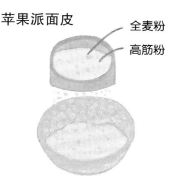
全麦粉
高筋粉

①将全麦粉和高筋粉混在一起搅拌。

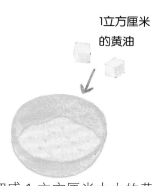
1立方厘米的黄油

②将切成 1 立方厘米大小的黄油放入碗中，然后捣成小豆粒大小。

白糖
黄油　红酒　肉桂

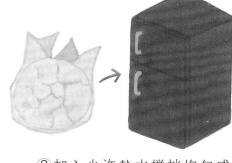

③加入少许盐水搅拌均匀成面团，倒入盘中，用保鲜膜包好，放入冰箱冷藏 1 小时。

④在面案上撒上大量的干粉（高筋粉），用擀面杖将冷藏的面团擀至 1 厘米厚，折成 3 折再擀，反复如此进行 3~4 次。

⑤取一半面皮，放入模具里，四周压边儿，然后将压好后的面糊放入派盘，用刀切去多余的边儿，再用叉子在面糊上扎一些小孔，最后将之前煮好的苹果馅摊在面皮上。

⑥在面糊的边儿上涂蛋黄，上面盖上另一半面糊，压边儿之后用刀切去多余的部分。在上面那半上刻上喜欢的图案，表面再涂一层蛋黄。可以将多余的面糊从模子中取出。

⑦放入烤箱中，温度调至 200 摄氏度，烤制 20~30 分钟后，苹果派就做好啦！

详解苹果

1. 老约翰的苹果种子（第2~3页）

乔纳森·查普曼种下的苹果树，逐渐成长，在美国东北部的各地扎下了根，结出颜色各异、口味不同的果实。这表明苹果有许多不同的特点，而其中有遗传基因的存在。我们现在可以吃到的香甜的苹果，是以当年美国的苹果树为亲本，经过不断地研究，不断地培育新品种，才种植出来的。当然，如今世界苹果业的繁荣，都与苹果之父——乔纳森·查普曼有着密不可分的关系。

在品种改良的过程中，有很多的难点问题亟待解决，比如从种下一粒苹果种子到结出一颗果实，要花费整整10年时间。最近的生物学研究表明，苹果之间的差异性，比如颜色的红黄以及味道的酸甜等取决于苹果基因，并且已经找到和苹果特性相关的基因标记（显性基因片段）。也就是说，种下种子后，只要可以长叶子，人们就可以根据叶子的基因标记，推断出10年后会结出什么样的果实，是否抗病。根据这一技术，有望可以在短期内培育出新的品种。

2. 以酒代水，拉丁用葡萄，英国用苹果（第4~5页）

在日本，人们往往直接食用苹果，但是在欧美，人们除了直接食用以外还将苹果加工成果汁、果酱、烤苹果或者苹果派来食用。沙果是一种可以开出美丽的花，又能结出酸涩的果实的野生苹果。在日本，人们大都将沙果果树种在庭院或盆子里作观赏用。而在欧美，人们则将沙果用来做果酱或果酒。17世纪左右，欧洲人移民美洲时，担心美洲的水也是硬水，无法饮用，为了用果酒代替水，就把苹果带到了美洲，并且种在新家的附近。

牛顿出生于英国农村伍尔索普村的一个农民家庭，有一天小牛顿在他母亲的农场的苹果树下休息，有一颗苹果砸在他的头上，他由此发现了万有引力。这棵苹果树就是牛顿母亲为了做果酱和苹果派而种下的肯特花苹果，据说这种品种的果实如果直接生吃，味道也不是太好。

3. 冬季耐寒的苹果树（第6~7页）

苹果的花色因品种而各有不同，但大多数的苹果树，在花蕾开放之前大都是粉色，开出的花是白色。在苹果花盛开的时候，远远望去，一片雪白，淡淡的花香沁人心脾。从春天到夏天，果树叶子不断吸收养分，储存到果实里，这样，苹果才会慢慢长大。

水果种类众多，会由花的不同部位长成果实。苹果的果实中可以食用的部分是由花托形成的，和苹果一样的还有梨、草莓、枇杷。桃、杏、橘子、柿子是由花的子房形成。而核桃和栗子则是由种子中的子叶形成。

4. 每天吃苹果，疾病不找我（第8~9页）

在欧洲有句谚语叫做"每天吃苹果，疾病不找我"，可见自古以来，苹果就备受青睐。最近的研究表明，苹果中含有很多对人体有益的成分。在美国，为了民众健康，鼓励大家多吃水果蔬菜，开展了一项"每日5盘"的活动，后来发现，多吃果蔬大大减低了癌症死亡率。在学校的午餐和零食中，大人也为孩子们准备了苹果。日本独立行政法人—果树研究所的研究发现，吃苹果可以控制中性脂肪，提高免疫力，还可以控制各种过敏反应。因此，在日本也开展了"每日水果200克"等以健康为目的的活动。也许有人认为，苹果很甜，吃多了会变胖，其实苹果相对于蛋糕以及零食而言，热量非常小。如果担心体重，不如多吃苹果少吃零食，这样对健康更有好处。

5. 苹果大家族——2000多个品种（第10~11页）

苹果的品种改良，可以将两种品种的苹果花进行授粉杂交。对杂交之后的果实结出的种子进行培育，在培育出的果树中，再选取果实颜色和味道明显改善，且抗病性较强的品种。另外，由于芽变，很可能在苹果树上长出一根特殊的枝条，这根枝条结出的果实，无论是颜色还是味道，都和其他枝条结出的果实不同。将这种特殊的枝条进行嫁接的话，就会有可能培育出新的品种。

如第10~11页所介绍的乔纳金苹果，其杂交的亲本早已无法查证，据说是由金冠和红玉的种子培育出的新品种。

6. 栽培嫁接在"矮化砧木"上的树苗（栽培日志）（第12~13页）

苹果属于蔷薇科，由种子培育出的幼年苹果树上，会长出很多顶端尖得像刺一样的枝条。从种下一颗种子，到收获一颗果实，足足需要 10 年的时间，而且，每棵树长出的果实是什么样子，是大是小，是酸是甜，是红是黄还是绿，这些都很难预测。因此，为了培育新的品种，比如富士，就需要使用砧木（用砧木作为苹果树的根）进行嫁接。选用的砧木不同，嫁接出的树苗的生长情况也不同。培育大果树可选用一种叫做日本圆叶海棠的砧木，培育小果树可以选用矮性砧木。将果树种在庭院或者盆中时，可以选用矮性砧木进行嫁接。

另外，根据苹果的芽变，果枝可能会变短。比如青林

是富士中由单芽生枝，再由芽变培育出的品种。短果枝是呈鸡爪状（英语：spar）的枝条。有的芽变，也会长出极短的枝条。由这种芽变产生的品种的整体形状为圆筒状（英语：column），被称为筒状树。"五月柱"、"波丽露"、"华尔兹"等品种都是筒状树，但这些苹果的味道都不是很好。

7. 把树苗种在大盆里，小心不要让雨淋到！（第 14~15 页）

盆栽的小树苗，可以选用通过 M9 以及 JM5 等"矮性砧木"嫁接出来的 2~3 岁的树苗。多枝树苗在秋天种，第二年春天就可以开花；在春天种，在当年就能开花结果。

品种的特征

品种名称	收获期	甜度	酸度	特征
富士（国光 × 元帅）	11 月	15%~16%	0.4% 左右	红色·有条纹 糖醇多
津轻（金冠母本的自然杂交品种）	8 月下旬 ~9 月上旬	13%~14%	0.3% 左右	红色·有条纹
王林（金冠 × 印度品种）	10 月下旬	14%~15%	0.3% 左右	黄色
乔纳金（金冠 × 红玉）	10 月	14%~15%	0.5% 左右	红色
珊夏（嘎啦 × 红运）	8 月下旬 ~9 月上旬	13%~14%	0.4% 左右	红色
阳光（金冠母本的自然杂交品种）	10 月中下旬	14%~15%	0.3%~0.4%	红色
千秋（东光 × 富士）	9 月下旬 ~10 月上旬	14% 左右	0.4% 左右	红色
红玉（美国原产）	9 月下旬 ~10 月上旬	13%~14%	0.6% 左右	红色 容易吸收糖醇
世界一号苹果（元帅 × 金冠）	10 月上旬	14%~15%	0.3% 左右	红色·有条纹
祝（美国原产）	7 月上旬 ~8 月下旬	10%~11%	0.6% 左右	绿色
陆奥（金冠 × 印度品种）	10 月中下旬	13%~14%	0.4% 左右	黄色（摘下套袋后为红色）
信浓甜（富士 × 津轻）	10 月上中旬	14%~15%	0.3% 左右	红色·有条纹
秋映（千秋 × 津轻）	10 月上中旬	14%~15%	0.4% 左右	红色
信浓黄（金冠 × 千秋）	10 月上中旬	14%~15%	0.4%~0.5%	黄色
北斗（富士 × 陆奥）	10 月下旬	14%~15%	0.4% 左右	红色 容易吸收糖醇
幸太郎（富士 × 初秋）	10 月下旬	14%~15%	0.3% 左右	黄色
鬼太郎（富士 × 初秋）	10 月上旬	14%~15%	0.5% 左右	红色
阿尔卑斯少女（红玉母本的自然杂交品种）	10 月上旬	12%~13%	0.4% 左右	红色 容易吸收糖醇
青林（富士的芽变品种）	11 月	15%~16%	0.4% 左右	红色·有条纹 糖醇多
金冠（美国原产）	10 月上旬	13%~14%	0.4% 左右	黄色
红星（美国原产）	10 月上旬	13%~14%	0.3% 左右	红色 容易吸收糖醇

9. 苹果会结在哪根枝条上？（结果习性）第 18~19 页

苹果树有一个特点，就是短枝条的顶端的顶芽会开花，结出较大的果实。大家仔细观察 18-19 页的图，看什么样的枝条，以及枝条的哪个部分会结出果实。在修剪的时候，

注意不要把枝条顶端的顶芽剪掉。

10. 舍得疏果，套袋会结出漂亮的苹果（第 20~21 页）

靠昆虫授粉的花叫做虫媒花，靠风授粉的花叫做风媒

花。苹果树的花是虫媒花，而且两朵品种相同的苹果花就算相互授粉，也结不出果实。所以苹果花的授粉，一定要在不同品种之间进行。也有将两个不能授粉的品种进行组合的情况。这和一种叫做S基因的遗传因子有关。正常苹果品种的染色体为2倍体，而陆奥、北斗、乔纳金的染色体为3倍体，因其没有授粉能力，所以它们的花粉也不能用来授粉。

当花粉落到雌蕊柱头上后，在柱头表面的黏液作用下开始萌发，长出花粉管。花粉管穿过柱头，沿着花柱向子房生长，进入子房，直达胚珠，完成受精。受精之后的苹果花，才会长出种子，结出果实。苹果花的雌蕊的顶端有5个分叉，对应雌蕊下方的5个心室，每个心室可以长出2颗种子。如果授粉、受精过程受到不良影响的话，就长不出种子。种子产生植物的激素，吸收叶子产生的养分。切开畸形苹果进行观察，会发现没有种子的一侧会变得发育不良。在大自然，苹果是如何繁衍后代的呢？苹果通过红色甜美的果实来吸引动物，动物吃掉果实后，因为种子有着坚硬的外壳，进入动物的肚子里也不会被消化，而会随粪便一起被排出。这样，动物就会把种子带到很远的地方，苹果种子就会在那里继续发芽生根。

另外，为了收获更大的果实，当果实数量过多的时候，必须剪掉一些，如果果实数量较少，可以不剪。

11. 该收获啦！收获的果实要装进塑胶袋，放到冰箱里！（第22~23页）

据说吸收糖醇之后的富士是最好吃的苹果。那么糖醇是怎么产生的呢？果树的叶子会进行光合作用，将光能、水、二氧化碳转化成碳水化合物。叶子背面有气孔，吸收大气中的二氧化碳，通过光合作用，再排出氧气。在叶子中产生的糖，通过酶的作用转化成山梨醇（糖和醇的结合物），运输到果实。运送到果实的山梨醇，再经过酶的作用，会转化成葡萄糖、果糖、蔗糖、淀粉等，储存在果实里。果实发育初期，会含有很多淀粉，到了秋天，果实成熟时，这些淀粉又会转化成糖类，所以果实就会变甜，色泽也会变得鲜艳。但是，富士的成熟期是在晚秋，气温相对较低，

果实中的转化山梨醇的酶，受温度影响，效率会变低，所以果实中会留有较多的山梨醇。山梨醇溶于水，很容易从细胞之间渗出，就成为在果实中心部分渗出的糖醇了。糖醇主要是山梨醇，味道没有果糖或蔗糖那么甜。吸收了糖醇的果实会很甜，就是因为吸收糖醇的过程中，果实中的淀粉会转化成果糖和蔗糖，储存在果实中，所以果实才会变得甜美多汁。

将苹果放在温暖干燥的屋子里，果实的水分会很快蒸发而变软。为了保存好苹果，要将它们装入很薄的塑料袋，密封起来放进冰箱贮存。大家一定要注意，如果将吸收较多糖醇的苹果密封到塑料袋，然后存放到温暖的房间的话，苹果很快就会变质。

12. 苹果园里的一年（第24~25页）

日本长野县饭田中学的学生常年种植苹果，最早在1982年种下40棵苹果树。从那以后，在附近村庄的人们以及果农的帮助下，由学生们自己管理果树。在北方，很多学校也借用附近的苹果园，教学生关于果树种植的知识。所以，在这里，就和大家讲讲苹果园的管理方法吧。为了收获苹果，1年里人们需要付出很多辛勤的劳作。

在北方，4月份左右，果树开始长出花蕾，在5月上旬会开出白色的苹果花。为了收获果实，就要开始进行人工授粉。授粉前，先要收集不同品种的花或者花蕾，再从花的雄蕊顶端上收集花药，保存在25度的环境里，然后就会从花药中产生花粉。用羽毛等制作授粉工具（棉签），将花粉涂在果树雌蕊的顶端。一个花芽会长出7~8个花朵，但是只对使之结果的中心花进行授粉。果树开花的时候很怕冷，在晴朗寒冷的夜晚，地面的热量升至高空，而高空的冷空气会降到地面，带来霜。这种情况下，为了保护果树的花以及幼果不受伤害，可以在地面点火，升高温度，也可以用防霜扇，将上空的暖空气吹到果树上。还有一种方法就是整夜向果树喷水，这样，冰就会包裹花和幼果，被冰包裹后，温度就不会降到零度以下，可以有效保护花和幼果。5月下旬，一个花芽会结出5~7个果实，留下中心果，剩下的全部剪掉。在以后的30天里，还要进行二次疏果，

来最后决定要结的果实数。一棵树龄较长的大果树，可以结出 1200~1500 颗果实，一棵矮性砧木嫁接的果树可以结出 150 颗果实。对于较小的果树进行疏果时，果实保留数量要根据叶子数量而定。富士品种一颗果实一般需要 50 片叶子。果实长到乒乓球大小的时候，要注意病害和虫害，并改善苹果的色泽，就需要套上纸袋。在摘果前，要将果实的纸袋撕掉，使之接受光照，提高色泽。如果果实长在树叶里面，不会有较好的色泽。为了让果实接受更多的阳光，要将果实周围的叶子剪掉。收获之后，叶子掉落时，要在果树根部施肥。冬天的时候要让果树照到阳光，还要将一些多余的枝条剪掉。害虫越冬，会将虫卵产在旧的树皮里，冬季一定要将这些树皮除掉。

13. 套袋手捉防虫害，防止雨淋不生病（第 26~27 页）

日本多雨，苹果树很容易生病。为了除掉害虫又不使用农药，最近人们使用天敌昆虫（在果园里放以螨虫为食的异种螨虫，或者以蚜虫为食的瓢虫）以及使用信息素（这种信息素是雌性吸引雄性时，从身体中会发出的一种物质，人工制造的称为费洛蒙药剂）等除害虫的方法。将费洛蒙药剂洒在果园里，会发挥和雌性体内发出费洛蒙一样的效果，而雄性会察觉费洛蒙，但是又找不到雌性。这样就会使害虫不产卵以减少虫害，这是一种不使用农药来进行害虫防治的方法。

14. 乙烯试验，见证苹果的神奇力量！（第 28~29 页）

将成熟的苹果和青柿子密封到一个袋子中，4~5 天后，青柿子就会变甜。使柿子变甜的，正是由苹果散发出来的乙烯！将硬的猕猴桃和苹果一起放到一个袋子里，过一段时间后，就会变软变甜，这都是苹果散发出的乙烯的作用。另外，将苹果和土豆放到一个袋子里面封存，可以抑制土豆发芽。

苹果释放的乙烯气体，也会影响芽的发育。在袋子里存放的黄瓜种子和小豆，可以长出很长的芽，但是，如果将苹果也放入袋子里，黄瓜和小豆的芽就会变得短小弯曲。这也是受到苹果的乙烯气体的影响。

苹果有果实为红色、黄色、绿色的多种品种。花青素色素产于果皮细胞内部的，果实呈红色。花青素在果实开始成熟，糖分增多时产生。花青素的生成，和阳光与低温有着密切联系。为了证明花青素的生成和阳光有必然联系，人们进行了一个有趣的试验。首先，制作不同形状的不透明贴纸。在苹果着色之前，将这些贴纸贴到苹果上。果实着色后将贴纸取下，会发现果实表面会留下和贴纸形状一样的图案。对于需要套袋的果实，也可以在摘下套袋之后着色之前将贴纸贴上去。试验结果就是在红色苹果上，被贴纸贴过的地方，会变成绿色。

后记

这本书完成之时，正值北方的苹果树度过了寒冬，开始盛开白花之际。

笔者参加国际会议的同时，遍访欧美各国，发现苹果已经在当地传统的饮食文化中根深蒂固。在法国布列塔尼的农家，人们经常吃荞麦粉做的饼和饮用苹果酒（果酒或诺曼底果酒）；在巴黎以及米兰的小巷，有堆得像小山似的小苹果，人们一边品尝小苹果一边悠闲地散步；在保加利亚索菲亚郊区的农家，人们用酸甜的苹果做成苹果派，作为饭后甜点；在冬季无比寒冷的加拿大安大略湖附近，人们在餐馆中品尝混合枫糖浆的热果酒（苹果酒）；在意大利多洛米蒂山麓南蒂罗尔州，人们在自家品尝夏敦埃酒的同时，也要吃上一些烤栗子和烤苹果；在新西兰北岛纳皮尔市，人们喜欢苹果酱鹿排；在莫斯科的宾馆里，经常看到配上酸味苹果片的鱼子酱；在美国华盛顿州的哥伦比亚河流域附近，在大果园工作的墨西哥工人，经常吃澳洲青苹。"每日吃苹果，疾病不找我。"真如这句谚语一样，苹果已经完全融入了人类的生活。

在日本，水果一直被视为一种高档食品，因此日本被评为世界上苹果消耗最少的发达国家。今天，人们逐渐了解到苹果是一种健康食品，对人体有很多好处，希望日本人也要多吃苹果。

另外，虽说苹果树易得病，很难种植，但是只要大家坚持栽培，认真做好浇水等管理环节，每日观察果树生长情况，就一定会有意想不到的收获。在体验苹果的栽培过程中，希望大家能够体会到蕴含在植物中的神奇力量，体验到培育一个生命的责任感，感受到大自然给予我们的恩惠。

最后，希望大家能够喜欢上苹果，多吃苹果，变得更加健康！

小池洋男

图书在版编目（CIP）数据

　　画说苹果/(日)小池洋男编文；(日)川上和生绘
画；中央编译翻译服务有限公司译. －－ 北京：中国农
业出版社，2017.9（2017.11重印）
　　（我的小小农场）
　　ISBN 978-7-109-22737-8

　　Ⅰ.①画… Ⅱ.①小… ②川… ③中… Ⅲ.①苹果－
少儿读物 Ⅳ.①S661.1-49

　　中国版本图书馆CIP数据核字(2017)第035596号

小池洋男

1943 年生。毕业于东京农工大学农学系。担任长野县果树试验场场长。于该场从事苹果、蓝莓相关的研究。1991 年获得东京农工大学联合大学研究生院农学博士学位。1998 年，获得国际矮化果树协会优秀研究者奖（IDFTA Distinguished Research Award）。1999 年，获园艺学会奖（成就奖）。

川上和生

1959 年生于北海道。毕业于北海道设计学院。在设计公司工作一段时间后独立创业。多次举办个人画展、集体画展。主要从事杂志、企业宣传册以及书籍的包装和广告的设计。东京插画家协会会员。

■写真提供
P27
ふらん病、はん点落葉病、黒星病、うどんこ病：近藤賢一(長野県果樹試験場)
シンクイムシ類、ハマキムシ類、ハダニ類、アブラムシ類：笹脇彰徳(長野県果樹試験場)

■参考文献
『リンゴ　くだもののひみつ』(小池洋男著　あかね書房)
『りんごのほん』(栗田哲夫著　和光出版)
『文化と果実』(小林章著　養賢堂)
『植物の一生とエチレン』(太田保夫著　東海大学出版会)
『たのしい林檎たち』(デザインスタジオゆにーく　和光出版)
Venosta Delicacies. The farmaer's wives of the Venosta Valley. Italy.

我的小小农场 ● 8

画说苹果

编　文：【日】小池洋男
绘　画：【日】川上和生

Sodatete Asobo Dai 11-shu 54 Ringo no Ehon
Copyright© 2003 by H.Koike,K.Kawakami,J.Kuriyama
Chinese translation rights in simplified characters arranged with Nosan Gyoson Bunka Kyokai, Tokyo through Japan UNI Agency, Inc., Tokyo
All right reserved.
本书中文版由小池洋男、川上和生、栗山淳和日本社团法人农山渔村文化协会授权中国农业出版社独家出版发行。本书内容的任何部分，事先未经出版者书面许可，不得以任何方式或手段复制或刊载。
北京市版权局著作权合同登记号：图字01-2016-5591号

责任编辑：刘彦博
翻　　译：中央编译翻译服务有限公司
译　　审：张安明
设计制作：北京明德时代文化发展有限公司
出　　版：中国农业出版社
　　　　　（北京市朝阳区麦子店街18号楼 邮政编码：100125　美少分社电话：010-59194987）
发　　行：中国农业出版社
印　　刷：北京华联印刷有限公司
开　　本：889mm×1194mm 1/16
印　　张：2.75
字　　数：100千字
版　　次：2017年9月第1版　2017年11月北京第2次印刷
定　　价：35.80元